SITZUNGSBERICHTE DER SÄCHSISCHEN AKADEMIE
DER WISSENSCHAFTEN ZU LEIPZIG

Mathematisch-naturwissenschaftliche Klasse
Band 113 · Heft 4

HANS DRISCHEL

ELEKTROMAGNETISCHE FELDER UND LEBEWESEN

THEORIA CUM PRAXI

AKADEMIE-VERLAG · BERLIN
1978

SITZUNGSBERICHTE DER SÄCHSISCHEN AKADEMIE DER WISSENSCHAFTEN ZU LEIPZIG

MATHEMATISCH-NATURWISSENSCHAFTLICHE KLASSE

Band 107

Heft 1 Prof Dr OTT-HEINRICH KELLER, Die Homologiegruppen der Flächen 3 Ordnung
1965 15 Seiten – 8° – M 2,30

Heft 2 Prof Dr FRANZ RUNGE, Grignard und die nach ihm benannte Synthese
1966. 17 Seiten – 3 Abbildungen – 8° – M 2,30

Heft 3 Prof Dr KARL SCHMALFUSS, Zur Kenntnis der Bodenbildung
1966. 13 Seiten – 4 Tabellen – 8° – M 1,40

Heft 4 Dr BODO RENSCHUCH, Verallgemeinerungen des Bezoutschen Satzes
1966. 41 Seiten – 8° – M 4,50

Heft 5 Prof Dr med. ROLF EMMRICH, Realität und Theorie des Alterns
1966. 20 Seiten – 9 Abbildungen – 8° – M 2,60

Heft 6 Prof Dr WILHELM MAIER, Nichteuklidische Volumina
1967. 20 Seiten – 16 Abbildungen – 8° – M 2,80

Heft 7 Dr LOTHAR VON WOLFERSDORF, Zur Berechnung optimaler Strategien für Spiele über dem Einheitsquadrat mit an der Hauptdiagonalen unstetigen Auszahlungsfunktionen
1968 53 Seiten – 8° – M 5,70

Band 108

Heft 1 Prof. Dr PAUL GÖRLICH / Dipl. Phys. DETLEF GÜLDNER / Dr HANS-JOACHIM POHL, „Elektronische Spektralmessung" mit steuerbaren Photovervielfachern
1967 12 Seiten – 9 Abbildungen – 1 Tabelle – 8° – M 2,10

Heft 2 Prof Dr MANFRED GERSCH, Neuroendokrinologie der Insekten
1968. 33 Seiten – 12 Abbildungen – 1 Kunstdrucktafel – 8° – M 4,–

Heft 3 Prof Dr HASSO ESSBACH, Die Bedeutung der Morphologie in der Heilkunde
1968. 16 Seiten – 1 Textabb. – 13 Abbildungen auf 8 Kunstdrucktafeln, davon 11 vierfarbig – 8° – M 12,80

Heft 4 Prof Dr OTT-HEINRICH KELLER, Über eine Definition von S. Lefschetz in der topologischen Schnitttheorie
1969. 29 Seiten – 1 Abb. – 8° – M 4,20

Heft 5 Prof Dr WOLFGANG TUTSCHKE, Das Reziprozitätstheorem für eine Klasse pseudoholomorpher Funktionen mehrerer komplexer Variabler
1969 19 Seiten – 8° – M 3,30

Heft 6 Prof. Dr WALTER BREDNOW, Von Lavater zu Darwin
1969 31 Seiten – 14 Abbildungen im Anhang – 8° – M 5,50

Heft 7 Prof. Dr FRANZ RUNGE, Organische Disulfimide in Wissenschaft und Technik
1970. 24 Seiten – 2 Abbildungen – 8° – M 3,60

Band 109

Heft 1 Prof. Dr. ERICH RAMMLER, Über die Theorien der Braunkohlenbrikettentstehung
1970. 38 Seiten – 13 Abb., davon 2 auf 2 Tafeln – 8° – M 4,–

Heft 2 Prof Dr WOLFGANG TUTSCHKE, Stammfunktionen komplexwertiger Funktionen
1970. 20 Seiten – 8° – M 3,70

Heft 3 Dr habil. GÜNTHER EISENREICH, Zur Syzygientheorie und Theorie des inversen Systems perfekter Ideale und Vektormodule in Polynomringen und Stellenringen
1970. 88 Seiten – 8° – M 10,80

SITZUNGSBERICHTE DER SÄCHSISCHEN AKADEMIE
DER WISSENSCHAFTEN ZU LEIPZIG

Mathematisch-naturwissenschaftliche Klasse
Band 113 · Heft 4

HANS DRISCHEL

ELEKTROMAGNETISCHE FELDER UND LEBEWESEN

Mit 14 Abbildungen und 2 Tabellen

AKADEMIE-VERLAG · BERLIN
1978

Vorgetragen in der Sitzung vom 10. Juni 1977
Manuskript eingereicht am 7. Juli 1977
Druckfertig erklärt am 30. September 1978

Erschienen im Akademie-Verlag, 108 Berlin, Leipziger Straße 3—4

Lizenznummer: 202 · 100/248/78
Gesamtherstellung: VEB Druckhaus „Maxim Gorki“, 74 Altenburg
Bestellnummer: 762 636 9 (2027/113/4) · LSV 1315
Printed in GDR
DDR 5,— M

Der Einfluß elektrischer Ströme und elektromagnetischer Felder aus der Umwelt im Sinne von Reizen oder von Zustandsänderungen für den Organismus auf der einen Seite, die Erzeugung elektrischer Spannungen durch Lebewesen, entweder als hochspezialisierte Leistung (z. B. bei elektrischen Fischen) oder als allgemeiner Ausdruck der Tätigkeit der Gewebe, der Erregung, andererseits, hat von jeher eine starke Faszination auf den Laien, besonders den kranken Menschen, aber auch auf die Wissenschaft ausgeübt. Wir wollen uns hier die Fragen vorlegen: Wie gesichert sind heute unsere Kenntnisse über die Wechselbeziehungen zwischen elektromagnetischen Kräften und Organismus? Wie wirken diese auf den Organismus als ganzen, wie auf seine Teil- und Elementarstrukturen ein? Welcher Art könnten die Mechanismen einer solchen Wirkung sein? Wir werden finden, daß wir uns hier auf einem noch unsicheren Grenzgebiet bewegen, auf welchem exakte Beobachtungen von Natur aus schwierig und viele Ergebnisse sehr spekulativer Natur sind. Da zudem entsprechende Experimente am Menschen nicht immer leicht, aus ethischen Gründen oft überhaupt nicht durchführbar sind, muß bei der Übertragung von Resultaten an Versuchstieren besondere Vorsicht und Zurückhaltung walten. Wir werden uns mit Beobachtungen am Menschen, an Tieren und an Pflanzen zu befassen haben.

Wenn wir die historischen Spuren zurückverfolgen, die sich — zugegeben etwas vorbelastet — mit den Begriffen *„tierische Elektrizität“* und *„tierischer Magnetismus“* verbinden, so stoßen wir auf zwei Namen: GALVANI und MESMER. Der italienische Arzt und Physiologe LUIGI GALVANI experimentierte am 20. September 1786 — der Sternstunde der heutigen Elektrophysiologie — mit seinen überlebenden Froschschenkelpräparationen. Er beobachtete, daß diese während eines Gewittersturms — an einem Kupferhaken aufgehängt — jedesmal dann zuckten, wenn sie mit dem Eisengitter des Balkons in Berührung kamen. Was diese Muskeln zur Kontraktion brachte, war ohne Zweifel Elektrizität — aber nicht, wie GALVANI meinte, tierische, d. h. von Muskel oder Nerven gebildete Elektrizität, sondern (wie sein nicht immer freundlicher Zeitgenosse und Gegner VOLTA nachweisen konnte) auf das Wirksamwerden eines GALVANIschen Elementes, bestehend aus den Metallen Kupfer und Eisen über einen Elektrolyten, das tierische Gewebe, zurückzuführen. Durch die Berührung der Froschschenkel mit dem Eisengitter wird lediglich ein Stromkreis geschlossen; der noch erregbare Muskel wird dadurch gereizt (wie das z. B. auch durch eine GALVANIsche Pincette geschieht) und zuckt — das ist alles! Jedoch hat GALVANI an seiner Idee, daß biologische Strukturen selbst Sitz und Ursprung, also Generator elektromotorischer Kräfte seien, festgehalten und 1793 durch die „Zuckung *ohne* Metalle" den Beweis dafür geliefert. Alles was wir heute mit modernen Meßmethoden als Elektrokardiogramm, Elektroenzephalogramm, Elektromyogramm usw. ableiten, entspricht dieser „tierischen Elektrizität" im Sinne GALVANIS.

Mit dem „*tierischen Magnetismus*" glaubte der österreichische Arzt FRANZ ANTON MESMER um 1770 befaßt zu sein. Seine Lehre, der sogenannte „Mesmerismus", erlangte seinerzeit großes Interesse von seiten der Mediziner, aber auch der Philosophen. Wir wissen heute — damals waren die physikalischen Kenntnisse über den Magnetismus noch sehr unterentwickelt — daß es sich um eine zwar sehr wirkungsvolle Methode der Suggestion und Hypnose handelte, wie sie später zu einer wichtigen Therapie in der Medizin entwickelt wurde, aber nicht das Geringste mit Magnetismus zu tun hatte. Wirkliche elektromagnetische Felder wurden erst 1820 durch OERSTEDT und AMPERE nachgewiesen; elektromagnetische Wellen wurden 1888 bekannt, als HERTZ sie beschrieb. Sehr bald danach, 1891, wurden unabhängig voneinander durch D'ARSONVAL und TESLA biologische Wirkungen elektromagnetischer Felder erstmals beobachtet; dies rief ebenfalls wieder eine gewisse medizinische Mystifizierung hervor.

Immerhin implizieren diese historischen Ereignisse bereits alle modernen Aspekte unseres Themas; es ergeben sich folgende *grundsätzliche Fragen*:

1. Wie erzeugt der lebende Organismus in seinen tätigen Geweben elektrische Potentialdifferenzen und Ströme bzw. elektromagnetische Felder? Damit wird die Frage nach dem Wesen der „Erregung" als Elementarvorgang gestellt.
2. Wie wirken elektrische und elektromagnetische Kräfte aus der Umwelt auf biologische Strukturen ein und wie werden sie auf der gesamtorganismischen, zellulären und molekularen Ebene wirksam?
3. Wie können elektromagnetische Felder, entweder natürliche oder durch die zivilisierte Umwelt oder aber von Lebewesen selbst produziert, als Informationsquelle fungieren und der Orientierung oder der Kommunikation der Organismen untereinander dienen?

Der Frage 1 in ihrer allgemeinen Form wollen wir uns hier nur kurz widmen; die Begründer der modernen „Membran-" oder „Ionentheorie" der Erregung, HODGKIN, HUXLEY u. a. sind 1963 mit dem Nobelpreis ausgezeichnet worden und ihr Konzept rechnet heute bereits zum klassischen Bestand der Physiologie.

Auch den Fragenkomplex 3 werden wir nur am Rande berühren, da hier noch zu vieles unbekannt ist. Unser Hauptinteresse soll also der Frage 2 gelten: Wie wirken elektromagnetische Felder aus der Umwelt auf den Organismus ein?

Zu Punkt 1: **Erzeugung von Elektrizität und elektromagnetischen Feldern durch den Organismus**

Es ist heute allgemein bekannt, und wir lehren es unseren Studenten, daß bei der Tätigkeit von lebenden Strukturen Elektrizität produziert wird, die wir als Aktionsströme ableiten und durch geeignete Instrumente sichtbar machen können. Drüsenzellen erzeugen Elektrizität, wenn sie sezernieren, Muskelzellen (auch des Herzens), wenn sie sich kontrahieren, Nervenfasern, wenn sie elektrische Impulse leiten, die der Informationsübermittlung dienen, und Nervenzellen, wenn sie als Ergebnis einer komplizierten Verrechnung von Tausenden von input-Signalen über ihren einzigen Neuriten ein Ausgangssignal abfeuern. Es handelt sich beim Vorgang der Erregung um Ionenströme, die durch Diffusion auf Grund bestehender Konzentrationsgradienten und variabler Permeabilitätsbedingungen an der erregbaren Membran zustande kommen. Es scheint so, daß der elektrische Aktionsstromimpuls nicht nur Nebenprodukt, sondern essentieller Baustein der nervalen Informationsübermittlung ist. Die „Sprache" des Nervensystems ist heute als „frequenzmodulierter Puls-Kode" im Sinne der Technik weitgehend entschlüsselt.

Von sowjetischen, insbesondere Leningrader Wissenschaftlern sind in den letzten 10 Jahren darüber hinaus interessante Beobachtungen über schwache elektromagnetische Felder in der Umgebung von tätigen biologischen Geweben — Nerven, Muskeln, Herz — mitgeteilt worden. Man spricht hier von einem „*Elektroaurogramm*". Das Elektroaurogramm des isolierten Froschnerven wurde mittels besonderer Methoden in einer Entfernung von 25 cm (Stärke ca. 1 mV), das des isolierten Froschmuskels in 14 cm und das des menschlichen Herzens und Muskels in 10 cm Abstand aufgezeichnet. Auch das Elektroaurogramm während des Fluges bei der Hummel und beim Mosquito konnte registriert werden.

Es gibt ferner Lebewesen, die sich auf die Erzeugung elektrischer Spannungen unter Ausnutzung der Bildung von Diffusions-Biopotentialen, wie sie bei jedem Erregungsvorgang stattfindet, gewissermaßen spezialisiert haben. Es sind die „*elektrischen Fische*", welche das Interesse der Forschung seit über 100 Jahren besonders angezogen haben. Es handelt sich um den im Amazonas und Orinoco lebenden Zitteraal, den elektrischen Rochen, den südamerikanischen Messerfisch, den Nilhecht und den Elefantenrüsselfisch. Diese schwimmenden Elektrizitätswerke produzieren Spannungen bis zu maximal 300 bis

500 Volt und können elektrische Schläge — meist in Form kurzzeitiger Stöße — bis zu 40 Watt und mehr erzeugen. Die elektrischen Organe dieser Fische bestehen aus umgewandelten quergestreiften Muskeln, die in der Längsrichtung des Tieres in Platten angeordnet, gewissermaßen in Reihe geschaltet sind. Sobald ein Beutefisch dicht genug herangekommen ist, entlädt der Zitteraal ein wahres Trommelfeuer elektrischer Schläge über ihn. Da das Opfer ein wesentlich besserer Leiter ist als das ihn umgebende Wasser, zieht es die elektrischen Ströme seines Feindes genau so an wie ein Blitzableiter den Blitz — der Fisch wird elektrisch betäubt und dann gefressen. So wurde Elektrizität in der Evolution zu einer machtvollen Angriffs- und Verteidigungswaffe; sie dient der Revierabgrenzung und dem Nahrungsfang, nach neueren Untersuchungen möglicherweise auch der Verständigung, d. h. der Informationsübermittlung zwischen den Fischen und ihrer Umwelt.

Zu Punkt 2 (Hauptteil): **Einfluß elektromagnetischer Felder auf biologische Strukturen**

Bei der Behandlung der Wirkung elektromagnetischer Felder auf Lebewesen interessieren vor allem diejenigen *natürlichen Felder der Umwelt*, welchen die lebenden Strukturen seit Hunderttausenden bzw. Millionen von Jahren ausgesetzt sind und an die sie sich bereits auf einer frühen Stufe der Evolution angepaßt haben. Dies betrifft in erster Linie rhythmische Änderungen des erdmagnetischen Feldes, wie sie im Laufe von Jahren, im Wechsel der Jahreszeiten, in der 24-Stundenperiodik eines Tages oder in noch kürzeren Intervallen (Stunden, Minuten) auftreten. Viele der biologischen Rhythmen in den Funktionen auch des menschlichen Organismus sind an das Zeitschema der Veränderungen geophysikalischer Größen wie Temperatur, Licht-Dunkel-Wechsel, Luftdruck usw., aber auch an magnetische Feldänderungen angeglichen und benutzen diese „Zeitgeber“ heute als regulierende Informationsquelle bzw. zur Triggerung endogener Rhythmen.

Es ergibt sich zweitens die Frage: Welchen Einfluß üben elektromagnetische *Felder zivilisatorischen Ursprungs* aus, wie sie im Zuge der rapid anwachsenden Technisierung und Elektrifizierung, durch Rundfunk-, Radar- und Fernsehstationen in enormem Umfange erzeugt werden? Aber auch die Einführung moderner Bau-, Kunst- und Kleidungsstoffe führt infolge elektrostatischer Aufladung zur Erzeugung elektrischer Felder, wie man es gelegentlich durch überspringende Funken zwischen Finger und Autokarosserie bemerken kann.

Betrachten wir aber zunächst den *Erdmagnetismus*! Die Erde besitzt wie manche andere Himmelskörper (z. B. auch die Sonne) ein allgemeines Magnetfeld, das möglicherweise das Ergebnis von magnetohydrodynamischen Vorgängen im Erdkern ist und zusätzlich durch die Erdrotation modifiziert wird. Das erdmagnetische Feld ist leicht durch die Auslenkung einer Kompaßnadel nachzuweisen und wird bekanntlich durch Deklination, Inklination und Gesamtintensität mit einer horizontalen und vertikalen Komponente gemessen. Das Magnetfeld ist nicht konstant, sondern unterliegt verschiedenen aperiodischen, mehr zufälligen Störungen sowie langsamen periodischen Schwankungen. Die sonnentätigen erdmagnetischen Variationen (Abb. 1) können so verstanden werden, als ob jeweils um 10.30 Uhr Ortszeit ein riesiger Hufeisenmagnet senkrecht zur Erdoberfläche stünde. Seine Pole sind in der Natur verwirklicht durch große horizontale Stromwirbel von vielen Tausend Ampere

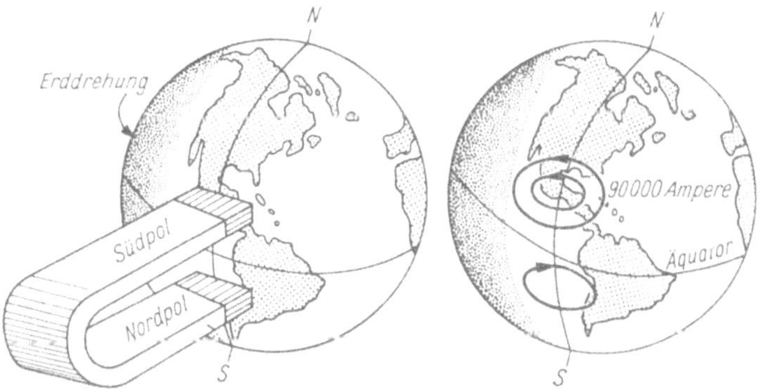

Abb. 1. Die sonnentägigen erdmagnetischen Schwankungen können mittels eines riesigen Hufeisenmagneten beschrieben werden (links). Seine Pole sind in der Natur durch Stromwirbel in der Ionosphäre verwirklicht (rechts). Nach BARTELS aus: H. L. KÖNIG [12]

Stromstärke, die in etwa 100 km Höhe in der Ionosphäre fließen. Die Einheit der magnetischen Feldstärke ist das Gauß und das Gamma; 1 Gamma entspricht 10^{-5} Gauß; die Feldstärke des irdischen Magnetfeldes beträgt 0,5 Gauß im Mittel (0,25 bis 0,7). Die Intensität des elektrischen Feldes der Erde beläuft sich im Durchschnitt auf 130 V/m, wobei sich die Erdoberfläche normalerweise negativ zur positiv geladenen Atmosphäre verhält.

Einen wesentlichen Einfluß auf das erdmagnetische Feld haben Vorgänge auf der Sonne, die Eruptionen; diese sogenannten *S-Schwankungen* (S = solar) werden letztlich durch Veränderungen der ionisierten Schichten in der höheren Erdatmosphäre hervorgerufen. Sie sind am stärksten zu Zeiten des Sonnenfleckenmaximums und folgen damit dem bekannten 11jährigen Sonnenflecken-zyklus. Die 27tägige Periode des magnetischen Erdfeldes hängt mit der Rotation der Sonne zusammen: die Stellen der Sonnenoberfläche, an denen Eruptionen auftreten, verschieben sich während mehrerer Drehungen kaum und führen nach einer Umdrehung meist zu entsprechenden Erscheinungen. Demgegenüber sind die *L-Schwankungen* (durch die Gravitation des Mondes hervorgerufen) wesentlich schwächer und folgen einer halbtägigen Periode.

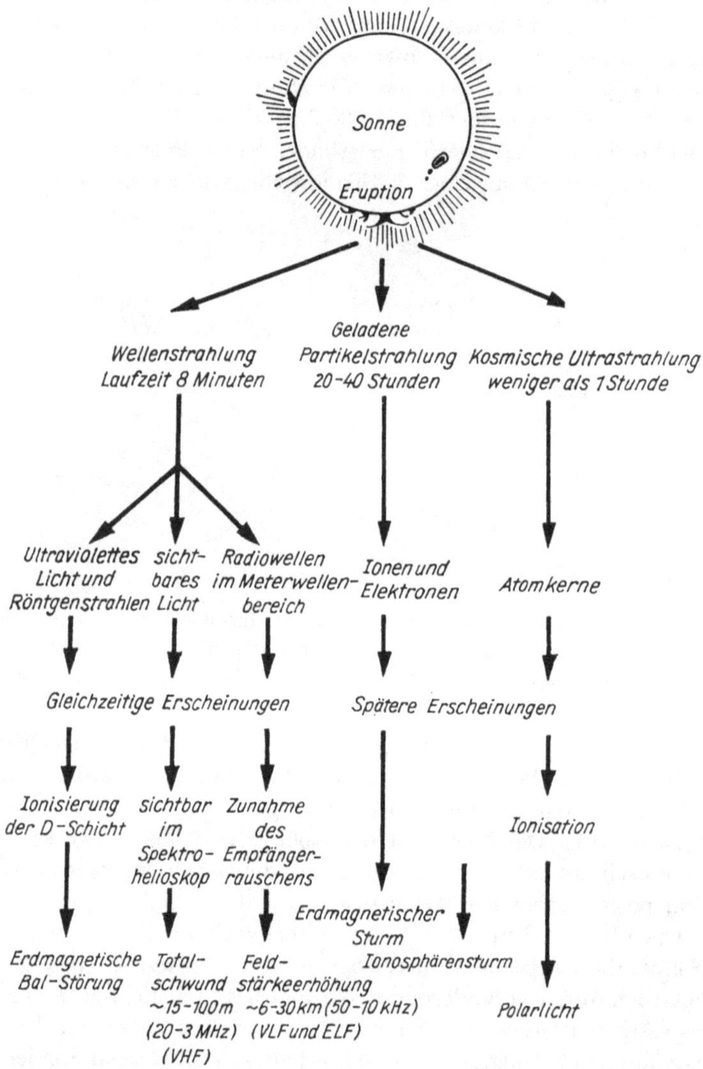

Abb. 2. Folgeerscheinungen einer Sonneneruption auf der Erde. Nicht immer werden alle Erscheinungen wirklich beobachtet; z. B. ist eine Zunahme der kosmischen Ultrastrahlung sehr selten. Nach BARTELS aus H. L. KÖNIG [12]

Eine weitere Störungsart sind die *D-Variationen* oder die „magnetischen Stürme“. Sie treten fast gleichzeitig überall auf der Erde auf. Die Feldstärkeänderungen können bei starken magnetischen Stürmen erheblich sein und bis zu 3000 Gamma betragen. In Abibldung 2 sind diejenigen Folgeerscheinungen einer Sonneneruption, die wir auf der Erde erleben, aufgeführt. Die kosmische Ultrastrahlung mit einer Energie von $5 \cdot 10^9$ eV, die bestimmte Sekundäreffekte erzeugt und Ursache von auffallenden Polarlichtern ist, wird nicht immer beobachtet. Dagegen sind die Wellenstrahlung mit einer Laufzeit von

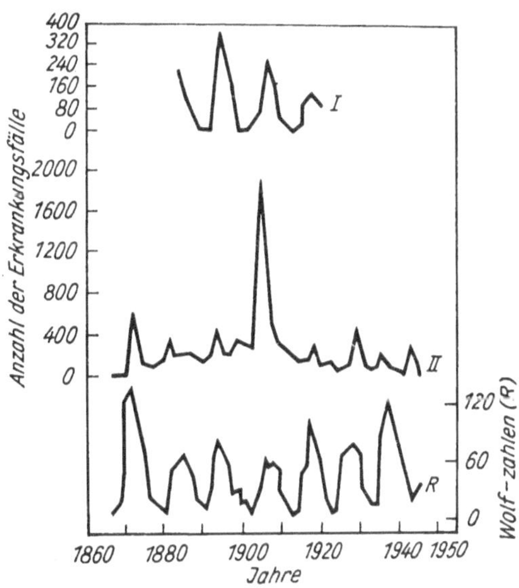

Abb. 3. Sonnenaktivität (R) und das Auftreten cereborspinaler Meningitis in New York (I) und des Rückfallfiebers in der europäischen Sowjetunion (II). Nach Berg [7]

8 Minuten und die Partikelstrahlung, die die Erde in 20 bis 40 Minuten erreicht, regelmäßig festzustellende Phänomene. Sie rufen den magnetischen Sturm hervor, dem u. a. empfindliche Störungen des Funkverkehrs auf der Erde vorausgehen. Demgegenüber gibt es magnetisch auffallend „ruhige“ Tage, an welchen die Parameter nur geringe Veränderungen zeigen.

Beziehungen zwischen den dramatischen Ereignissen *magnetischer Stürme* und dem Befinden des Menschen, dem Auftreten oder der Verschlimmerung bestimmter Erkrankungen sind seit längerer Zeit vermutet und neuerdings an Großzahluntersuchungen auch statistisch belegt worden. Dies gilt z. B. für Rheumaschübe, die Häufigkeit psychonervaler Erkrankungen und Todesfälle an Herz-Kreislaufkrankheiten. In Abbildung 3 (Berg) [7] ist unten die

Aktivität der Sonnenflecken (R = 11jähriger Zyklus) in den Jahren 1865 bis 1945 aufgetragen, darüber (II) die Anzahl der Fälle von Rückfallfieber im europäischen Teil der Sowjetunion und ganz oben (I) die Fallzahlen von Meningitis in New York. Inzwischen hat sich gezeigt, daß auch für Erreger von anderen Epidemien, insbesondere auch für die Grippe, eine solche Zyklizität charakteristisch ist. In Abbildung 4 [7] sind Beobachtungsergebnisse nach der Stichtag-(n-)Methode zusammengefaßt, welche 60 magnetische Stürme (unten I) mit 4899 Todesfällen an Herz-Kreislauferkrankungen in Kopenhagen und Frankfurt/Main (oben II) in Zusammenhang bringen. Die Häufung der Mortalität an magnetisch besonders gestörten Tagen ist überzufällig. Auch die

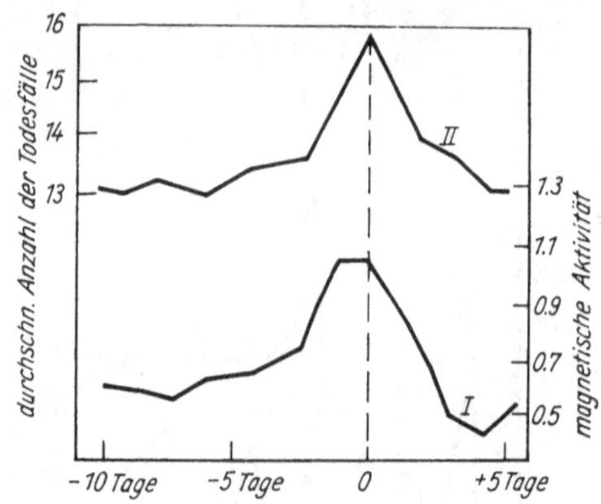

Abb. 4. Magnetische Stürme (I) und Sterblichkeit an nervalen und kardiovaskulären Erkrankungen (II) in Kopenhagen und Frankfurt/Main. Nach BERG [7]

motorische Aktivität von Insekten zeigt z. B. auffallende Entsprechungen zu magnetischen Stürmen, wie systematische Beobachtungen in Turkmenien erwiesen haben.

Aber auch die üblichen *mittleren Schwankungen des erdmagnetischen Feldes*, z. B. im Tagesrhythmus und bei meteorologischen Ereignissen, entfalten biologische Wirkungen, nur ist es nicht ganz leicht, diese an statistischem Material nachzuweisen. Systematische Untersuchungen haben in den beiden letzten Jahrzehnten gezeigt, daß über das gesamte *Frequenzspektrum* hinweg (s. Abb. 5), also von statischen Feldern (unten) bis zum extrem hochfrequenten Bereich (oben, Mega-, Gigahertz und darüber) in unserer direkten Umgebung elektromagnetische Vorgänge natürlichen Ursprungs existieren. Links: Benennung der verschiedenen Strahlungsbereiche mit Wellenlängen- bzw. Frequenzskala; rechts: die Absorption in der Atmosphäre mit dem „optischen“ Fenster für das sichtbare und UV-Licht, das „Radio-“Fenster im Bereiche der Kurz- und Ultrakurzwellen und ganz rechts die Energieskala für die Feldstärken. Elektromagnetische Vorgänge mit Frequenzen unter 1 Hz werden im internationalen Sprachgebrauch als ULF-Bereich (ultra low frequencies), Frequenzen von 1 Hz bis 300 Hz als ELF-Bereich (extremely low frequencies) und von 300 Hz bis 30 kHz als VLF-Bereich (very low frequencies) bezeichnet; das ganze ist der Niederfrequenzbereich. Dann folgt der

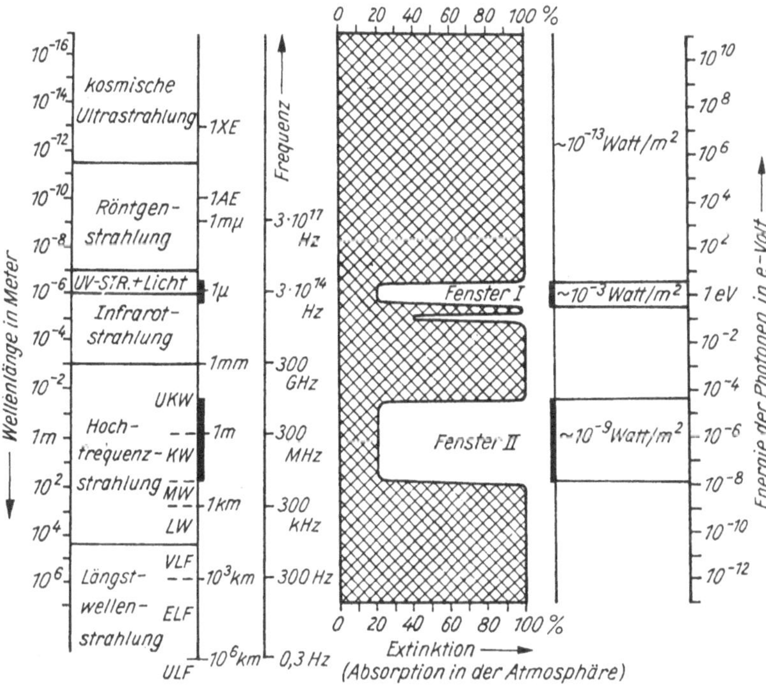

Abb. 5. Frequenzspektrum der elektromagnetischen Wellen, Bestrahlungsstärken der Feldstrahlung in der Biosphäre und Lage der optischen Fenster der Atmosphäre. Ältere Darstellung nach SCHULZE [17], erweitert durch KÖNIG [12]. Weiteres s. Text!

konventionelle Hochfrequenzbereich mit den schon länger gut bekannten Bezirken von Langwelle, Mittelwelle, Kurz- und Ultrakurzwelle. Daran schließen sich die Infrarotstrahlung, die Strahlung des sichtbaren Lichtes, die Ultraviolettstrahlung und die Röntgenstrahlung an; die kosmische Ultrastrahlung hat sich inzwischen als aus materiellen Teilchen bestehend erwiesen.

Abbildung 6 gibt als Ergänzung eine Übersicht über die häufigsten *zivilisatorischen elektromagnetischen Strahlungsquellen*, eingeordnet in das allgemeine Frequenzspektrum. Am unteren (linken) Ende, im Bereiche der ELF-Felder

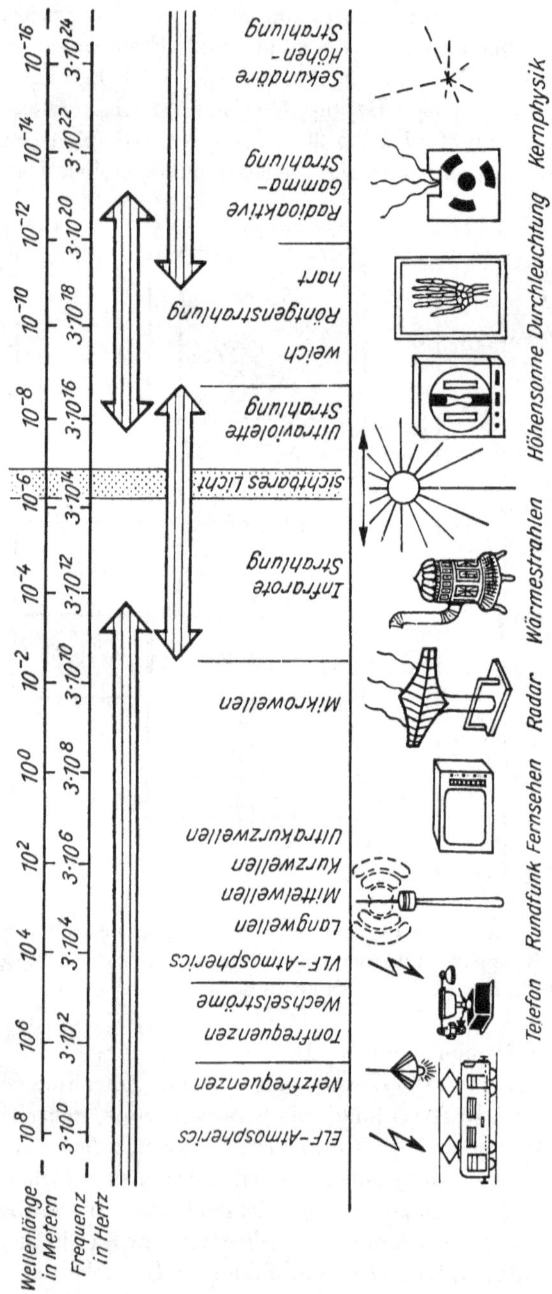

Abb. 6. Übersicht zur Anwendung und zu den Erscheinungsformen elektromagnetischer Energien über einen weiten Frequenzbereich und Kennzeichnung gewisser Schwergewichtsbereiche. Aus: KÖNIG [12]

liegt der Bahnstrom; die Oberleitungen elektrifizierter Eisenbahnen führen etwa 15000 V gegenüber den Schienen, also der Erde, bei einer Frequenz von $16^2/_3$ Hz. Bei Oberleitungsnetzen in der Nähe von Bahnhöfen können die entstehenden Magnetfelder erhebliche Feldstärken annehmen und zur Ausbildung „vagabundierender" Ströme führen, die noch weit in der Umgebung nachzuweisen sind. In einer Entfernung von 2 km senkrecht zur Gleisanlage waren die magnetischen Felder etwa um den Faktor 1000 stärker als natürliche Vorgänge in ähnlichem Frequenzbereich. Auch Straßen- und U-Bahnen, Transformatorenstationen und sonstige elektrische Maschinen und Anlagen erzeugen in Städten stärkere magnetische Felder. Mit 25 Hz ist der Telefonläutstrom anzusetzen, der zusammen mit dem elektrischen Licht- und Kraftstrom mit 50 Hz (60 Hz in den USA) das elektromagnetische Klima in unseren Wohnungen bestimmt. Es kann hier je nach Leitungsverlegung zu durchaus differenzierten magnetischen Feldstärkewerten in den einzelnen Räumen kommen; hinzu treten lose herumliegende Verlängerungs- und Zuführungsanschlüsse. Es handelt sich bei allen diesen Generatoren um Induktionsfelder, die rasch bei größerer Entfernung von der Quelle schwächer werden, in ihrer unmittelbaren Nähe aber u. U. sehr stark sein können. Auf jeden Fall ist es aus Gründen des allgemeinen Umweltschutzes z. B. nicht angängig, Hochspannungsleitungen von 100 und mehr kV über dicht besiedelte Gebiete hinwegzuführen. Hochfrequente elektromagnetische Felder von Zehn bis Hunderten von kHz werden durch verschiedenste industrielle Anlagen, aber auch von bestimmten medizinischen Geräten generiert. Ultrahochfrequenzen bis 500 MHz erzeugen Radio- und Fernsehstationen; es folgen Radarstationen und Röntgenstrahler im Gammabereich, deren Effekte relativ gut bekannt sind. Über die Rolle des allgemeinen „Radio-Backgrounds", der in zivilisierten Gegenden relativ hoch sein kann, ist nicht viel bekannt. Immerhin wurde die *Kurzwellenfiebertherapie* erfunden, nachdem man bei Beschäftigten im Bereiche starker Kurzwellensender auffallende Erhöhungen der Körpertemperatur festgestellt hatte.

Obwohl oder gerade weil noch viele widersprechende Meinungen über die biologischen Auswirkungen technischer und industrieller elektromagnetischer Felder vorliegen, erscheint es an der Zeit, daß sowohl im Interesse der Industrie und der für den Umweltschutz zuständigen Institutionen als auch des einzelnen Menschen, dessen Gesundheit durchaus gefährdet sein kann, die Wissenschaft sich diesen Problemen ernsthaft zuwendet.

Gehen wir nunmehr in großen Schritten das gesamte Spektrum durch! zunächst die *elektrostatischen Felder*. Immer wieder ist in den letzten 25 Jahren behauptet worden, daß elektrische Gleichfelder ausreichender Stärke (10 kV/m und mehr) einen bakteriostatischen Effekt ausüben, d. h. Bakterien in ihrem Wachstum zu hemmen bzw. abzutöten vermögen; sie hätten somit eine

„Sterilisations"wirkung. Untersuchungsergebnisse von HAHN [10], BECKER und KRAUS [6] u. a. veranlaßten gelegentlich die technisch relativ leichte Installierung starker elektrischer Felder in Krankenhäusern, Wohnungen, Lagern usw. Nach HAHN [10] sollen elektrische Gleichfelder von etwa 1000 V/m die Zahl der Keime in der Luft auf weniger als 10% verringern. Leider sind die Erfahrungen und Ergebnisse noch so widersprechend und kaum reproduzierbar, daß eine generelle medizinisch-praktische Anwendung nicht befürwortet werden kann. Natürlich wäre es höchst interessant, wenn es sich wirklich um eine Vernichtung von Keimen handelte. Es scheint aber so, daß sich diese an den Elektroden und an allen metallischen Gegenständen niederschlagen, die sich im elektrischen Feld befinden, u. a. auch an den Operationsinstrumenten (und das wäre ja gerade nicht erwünscht).

Wirkungen elektrostatischer Felder auf *Pflanzen* ergaben sich nach BACHMANN und REICHMANIS [2], MURR [13] u. a. Im allgemeinen konnte bis etwa 200 kV/m ein verstärktes Wachstum von Bäumen, Gerstensetzlingen und anderen Pflanzen festgestellt werden; bei noch höheren Feldstärken wurde eine Hemmung des Wachstums beobachtet. Auch *tierphysiologische* Experimente sind bekannt geworden; es wurde an Bienen, Meerschweinchen, Goldfischen, Fröschen untersucht. Übereinstimmend wurde gefunden, daß in statischen elektrischen Feldern eine erhöhte Sauerstoffaufnahme auftrat, die auf eine Beschleunigung der Stoffwechselvorgänge zurückgeführt werden muß, sowie bei Mäusen eine Steigerung der Laufaktivität, erhöhter Futter- und Trinkwasserverbrauch und eine Steigerung der Körpertemperatur um durchschnittlich 0,3 °C. Psychophysiologische Untersuchungen am Menschen, die von K. H. SCHULZ [16] durchgeführt wurden, ergaben eine Verkürzung der Reaktionszeit auf akustische Signale, eine Leistungsförderung im PAULI-Test und Geschwindigkeitspunktieren, aber keine Änderung der Flimmerverschmelzungsfrequenz. Im übrigen erschien es hier, als ob Extra- und Introvertierte unterschiedlich reagieren, also eine persönlichkeitsbezogene Wirkung erfolgt.

Statische Magnetfelder geringerer bis mittlerer Stärke üben auf *Pflanzen* eine deutliche *Wachstumsbeschleunigung* aus; besonders betrifft dies Sämlinge und Keimlinge in den ersten Tagen — also in starker Zellteilung begriffene und wachsende Gewebe. Es hat sich ferner gezeigt, daß z. B. Senfsamen, die in einem Magnetfeld langsam rotierten oder umgekehrt sich in einem langsam rotierenden Magnetfeld befanden, noch schneller als ruhende Keimlinge im Gleichfeld wuchsen. Solche Wirkungen hat man sich neuerdings in der sowjetischen Landwirtschaft zunutze gemacht: Saatgut wird vor der Aussaat Magnetfeldern ausgesetzt, wobei es scheint, daß mit bereits beigefügtem Mineraldünger noch bessere Resultate erzielt werden. Ungeklärt ist, ob solche Effekte nicht vielleicht über Veränderungen im Zustand des *Wassers* im

Magnetfeld zustande kommen. Es liegen Anzeichen dafür vor, daß Oberflächenspannung, Viskosität, elektrischer Widerstand und Dielektrizitätskonstante verändert werden. So reicht z. B. für eine Wachstumsbeschleunigung mancher Mikroorganismen die ausschließliche magnetische Vorbehandlung des Nährmediums aus.

In diesem Zusammenhang sollen Beobachtungen magnetischer Feldwirkungen auf der *molekularen* Ebene nicht unerwähnt bleiben. In 15jährigen Experimentalreihen konnte Georgio PICCARDI [14] aus Florenz zeigen, daß die Fällungstendenz in anorganischen *kolloidalen Lösungen* — er verwendete Wismutchlorid — bestimmten Schwankungen unterworfen ist, obwohl sämtliche äußeren beherrschbaren Bedingungen konstant gehalten wurden. Durch Experimente mit elektrisch abgeschirmten und nicht abgeschirmten Proben wies PICCARDI nach, daß die zunächst unerklärlichen Schwankungen mit Änderungen des elektromagnetischen Feldes der Erde zusammenhängen, wobei langfristige über Jahre, in Jahresrhythmen und Tagesrhythmen beobachtet wurden. Es ist auch hierbei möglich, daß der PICCARDI-Effekt letztlich über Änderungen im Zustand des Wassers zustande kommt, in welchem die physiko-chemischen Reaktionen stattfinden. Ähnliche Beobachtungen wurden später auch für das Gerinnen menschlichen Blutes in vitro, für die Sedimentationsrate der roten Blutkörperchen von Kaninchen und für die Gamma-Globuline im Serum des Kaninchens und Menschen als Träger von Immuneigenschaften gemacht. In magnetischen Wechselfeldern fand BACH einen Resonanzeffekt bezüglich der Veränderung der Gamma-Globulinaktivität, d. h. eine selektive Wirkung ganz bestimmter, schmaler Frequenzbanden. Auch Effekte elektromagnetischer Felder auf die Aktivität bestimmter Enzyme sind bekannt geworden.

Einen wesentlichen Anteil an den *periodischen Schwankungen des erdmagnetischen Feldes* in einem weiten Frequenzspektrum nehmen die sogenannten „Atmospherics". Als *Atmospherics* werden elektromagnetische Vorgänge bezeichnet, die im Zusammenhang mit elektrischen Entladungen in der Atmosphäre, insbesondere mit Blitzentladungen bei Gewittern und zwischen elektrisch geladenen Wolken und der Erdoberfläche, entstehen. Es handelt sich dabei primär um lokal erzeugte Wellen, die im ELF- und ULF-Bereich auftreten und in nächster Umgebung von Gewitterherden mit erheblicher Amplitude zu beobachten, aber als Ausdruck globaler Gewittertätigkeit ubiquitär als Rauschen oder Grundpegel nachzuweisen sind. Für Atmospherics-Signale sind, wie Abbildung 7 zeigt, ein hochfrequenter Anteil (links, bitte den Zeitmaßstab beachten!) und ein niederfrequenter Teil (rechts) charakteristisch. Die als SCHUMANN-Resonanzen bekannten Erscheinungen besonders im ELF-Bereich (8 bis 13 Hz) können dabei als „stehende" Wellen interpretiert werden. Aber auch im VLF-Bereich liegt ein Maximum bei etwa 10 kHz. Als Orte der

Entstehung von Atmospherics kommen vor allem die Kontinente in den Tropen in Frage; ein tages- und ein jahreszeitlicher Rhythmus sind zu beobachten.

Besonderes Interesse haben elektromagnetische Feldschwankungen im Bereiche von wenigen bis etwa 25 Hz gewonnen, da diese Frequenzbereiche in auffallender Weise denen entsprechen, die normalerweise auch vom Gehirn des Menschen produziert werden und im *Elektroenzephalogramm*, der Hirnstromkurve nachzuweisen sind: alpha-Rhythmus mit 8 bis 13 Hz (durchschnittlich 10 Hz), beta-Wellen mit 14 bis 30 Hz (im Mittel 20 Hz), theta-Wellen mit 4—7 Hz und delta-Wellen mit durchschnittlich 3 Hz (0,3 bis 3,5 Hz). In Abbildung 8 sind elektromagnetische Vorgänge natürlichen geophysikalischen Ursprungs dargestellt, die in dieser Größenordnung des ELF-

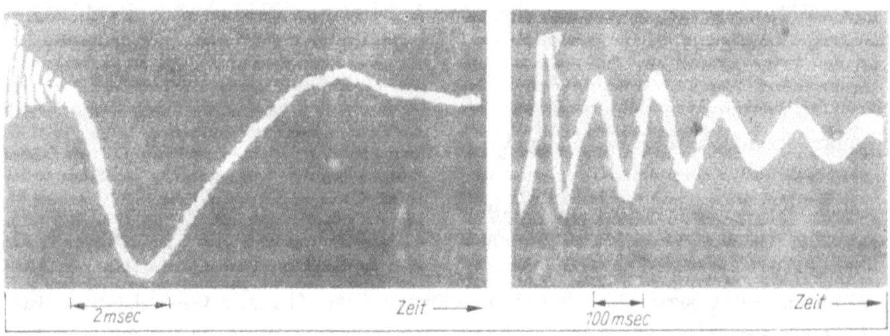

Abb. 7. Der hochfrequente Anteil (links) und das niederfrequente Ende (rechts), wie sie typisch für „Atmospherics"signale sind. Nach AL'PERT und FLIGEL [1]

Bereichs liegen: I) SCHUMANN-Resonanzschwingungen ca. 8 Hz, II) lokale elektrische Feldschwankungen 3 bis 6 Hz, III) lokale elektrische Feldschwankungen ca. 0,7 Hz, IV) elektrisches Feld bei Gewitter, a) Gewitter am Horizont noch nicht erkennbar, b) Gewitter am Horizont erkennbar (stark reduzierte Amplitude!), V) Sonnenaufgangserscheinung, elektrisches Feld.

An dieser Stelle sei eine allgemeine *methodologische* Bemerkung eingeschaltet: Beim Studium der Einwirkung natürlicher Schwankungen des erdmagnetischen Feldes auf biologische Prozesse (z. B. bei magnetischen Stürmen, im Tagesrhythmus oder bei meteorologischen Ereignissen) macht sich als prinzipielle Schwierigkeit bemerkbar, solche Effekte — sei es durch kontinuierliche oder ereigniskonzentrierte Beobachtungen — statistisch signifikant zu erfassen. Man greift deshalb oft zu dem Ausweg, mit *künstlichen* elektromagnetischen Feldern zu experimentieren, welche natürliche Gegebenheiten im Laboratorium simulieren.

Relativ sichere Beobachtungen unter *natürlichen* Bedingungen sind in Großzahluntersuchungen anläßlich einer Verkehrsausstellung in München 1953 angestellt worden. Es handelt sich um *Reaktionszeitmessungen* auf Lichtsignal an einer großen Anzahl von Ausstellungsbesuchern und der nachträglichen Zuordnung zu bestimmten geophysikalischen Umweltsituationen, nämlich dem Auftreten niederfrequenter elektromagnetischer Vorgänge in der Atmo-

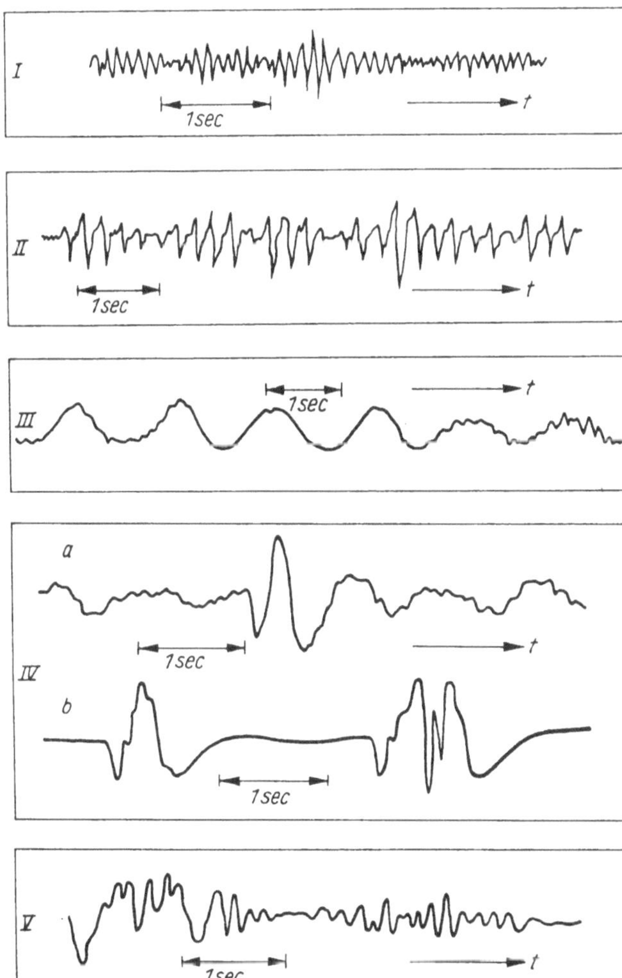

Abb. 8. Elektromagnetische Vorgänge natürlichen Ursprungs im ELF-Bereich. Einzelheiten s. Text! Aus: KÖNIG [12]

sphäre. Abbildung 9 zeigt den Zusammenhang zwischen der Reaktionszeit in ms (Ordinate) und den Tagen mit besonderer Aktivität von elektromagnetischen Feldänderungen im Bereiche von 3 bis 6 Hz. Nach der n-Methode (n = Stichstunde des Maximums) wurden etwa 40000 Meßwerte verarbeitet; die einzelnen

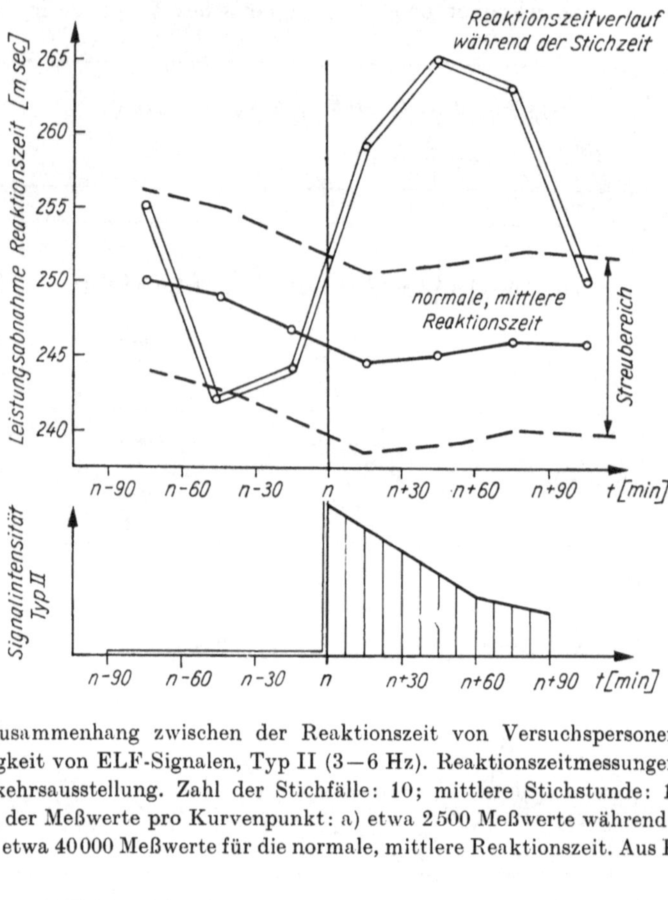

Abb. 9. Zusammenhang zwischen der Reaktionszeit von Versuchspersonen mit der Signaltätigkeit von ELF-Signalen, Typ II (3—6 Hz). Reaktionszeitmessungen während einer Verkehrsausstellung. Zahl der Stichfälle: 10; mittlere Stichstunde: 14.30 Uhr. — Anzahl der Meßwerte pro Kurvenpunkt: a) etwa 2500 Meßwerte während der Stichstunde, b) etwa 40000 Meßwerte für die normale, mittlere Reaktionszeit. Aus KÖNIG [12]

Mittelwerte stellen jeweils 2 bis 3000 Einzelmessungen dar. Es zeigt sich, daß vom Zeitpunkt n an die Reaktionszeiten signifikant zunehmen (das bedeutet eine Verschlechterung der Leistung), nach 30 bis 60 Minuten ein Maximum erreichen und nach 120 Minuten wieder auf den Ausgangswert zurückgekehrt sind. Umgekehrt (Abb. 10) werden an Tagen des Auftretens von elektromagnetischen Schwankungen zwischen 8 und 9 Hz die Reaktionszeiten signifikant verkürzt; es handelt sich hier um Beobachtungen an insgesamt

18 Tagen; jeder Punkt repräsentiert ungefähr 4500 Einzelmessungen. Es scheint also so, daß — beurteilt allerdings nur an der Reaktionszeit — meteorologische Situationen mit Überwiegen von elektromagnetischen Feldschwankungen um 10 Hz die Leistungsfähigkeit des Menschen steigern, um 3 bis 6 Hz hingegen beeinträchtigen.

Angeregt durch diese Untersuchungen von König, Ankermüller [11] u. a. wurden Experimente in künstlich erzeugten elektromagnetischen Feldern durchgeführt. Über Decke und Fußboden eines Versuchsraumes wurden

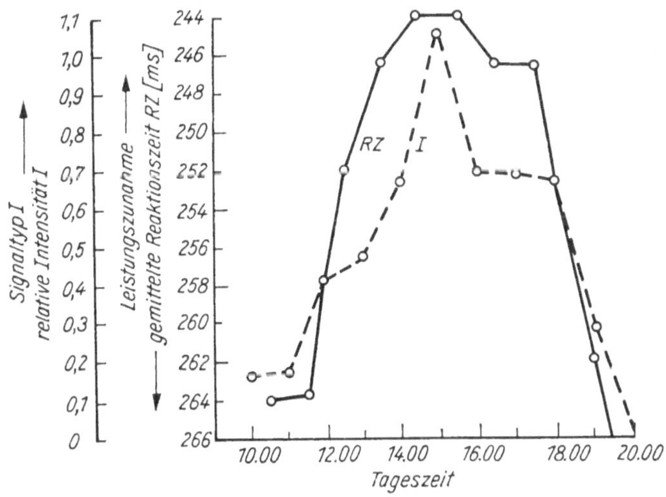

Abb. 10. Zusammenhang zwischen der Reaktionszeit von Versuchspersonen mit dem Auftreten von Signalen des Typs I (8—9 Hz). Reaktionszeitmessungen während einer Verkehrsausstellung. Anzahl der ausgemittelten, Tage, für die ausschließlich diese Signaltätigkeit registriert wurde: 18; Anzahl der Reaktionszeitmessungen RZ pro Meßpunkt: etwa 4500. Aus: König [12]

durch einen Generator Änderungen eines elektrischen Feldes bewirkt und die sich hier aufhaltenden Testpersonen einer Untersuchung der Reaktionszeiten unterworfen, die alle 20 Minuten über 8 Stunden erfolgte. In Abbildung 11 ist der Einfluß eines künstlichen Feldes von 3 Hz (schraffiert) auf die Reaktionszeit wiedergegeben; es zeigt sich eine signifikante Verlängerung. Für-10 Hz-Felder ergab sich demgegenüber eine Verkürzung — also Resultate, die mit denen unter natürlichen Bedingungen weitgehend übereinstimmen. Wever [18], ein Mitarbeiter des Rhythmusforschers Aschoff, beschäftigte sich im Zusammenhang mit Untersuchungen über die 24-Stunden-Periodik beim Menschen u. a. mit der Wirkung schwacher künstlicher 10-Hz-Felder;

es ergab sich, daß die freilaufende *Circadianrhythmik* signifikant beschleunigt wurde; ferner konnte eine interne Desynchronisation durch die 10-Hz-Felder verhindert werden.

Am Carl-Ludwig-Institut für Physiologie in Leipzig [9] haben wir seit einiger Zeit Experimente in Gang gebracht mit dem Ziel, den *Einfluß künstlicher elektromagnetischer ELF-Felder*, zunächst von 10 Hz und geringer Intensität, erzeugt durch Helmholtzspulen, (0,3 Gauß — das übersteigt nicht natürliche Feldstärken) auf *höhere Leistungen des tierischen Zentralnervensystems*, wie Lernen, bedingte Reflexe, Verhalten zu untersuchen. Albinoratten sollten lernen, auf ein akustisches Signal hin (1000 Hz, 3,5 s Dauer) an einen Holzstab zu springen. Kurze Zeit nach diesem bedingten Signal erfolgte als unbedingter

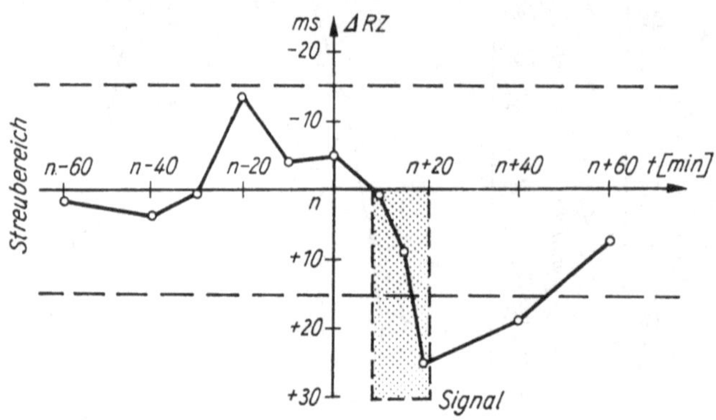

Abb. 11. Einwirkung eines künstlich erzeugten elektrischen Feldes nach Art der Signale natürlichen Ursprungs vom Typ II (3 Hz, stark oberwellenhaltig) auf die Reaktionszeit von Testpersonen; es erfolgte eine Leistungsabnahme. Aus: KÖNIG [12]

Reiz ein elektrischer Schlag von 20 s Dauer vom Bodengitter des Käfigs her. Lernziel war also, daß die Ratte bereits auf den akustischen Reiz hin sprang. Jede Reizkombination wurde 10mal wiederholt; die Experimente fanden jeweils zwischen 8 und 12 Uhr morgens an 8 aufeinander folgenden Tagen statt; daran schloß sich eine 4tägige Periode zur Überprüfung der Retention an, d. h. des Behaltens des Lernerfolges bei Wegfall der Bekräftigung, oder umgekehrt: des Vergessens. In der Versuchsgruppe (Lernen und Vergessen unter dem Einfluß von 10-Hz-Feldern) waren 10 Tiere, in der Kontrollgruppe ohne Magnetfeld 11 Tiere. Abbildung 12 zeigt die Ergebnisse: Während der Lernphase sind keine signifikanten Differenzen bemerkbar; etwas rascher scheinen die bestrahlten Ratten während der ersten beiden Tage zu lernen. In der Retentionsphase hingegen bestehen deutliche Unterschiede: Die Ratten in 10-Hz-Magnetfeldern verlernen die sinnlos gewordene Kombination rascher, sie vergessen schneller. Ohne daß wir heute bereits weitergehende Schlußfolgerungen ziehen wollen (es fehlen noch zu viele Kreuzversuche), mag dies als biologischer Vorteil gedeutet werden.

Sehr sorgfältige und aussagekräftige Experimente, die vielleicht zur Aufklärung des möglichen *Wirkungsmechanismus elektromagnetischer Felder auf Strukturen des Zentralnervensystems* beitragen könnten, sind in jüngster Zeit (1975) von einer Arbeitsgruppe um W. D. ADEY, einem der führenden amerikanischen Hirnforscher, mitgeteilt worden. Es wurden extrem schwache VHF-Felder (very high frequencies, 147 MHz) in der Amplitude mit Frequenzen zwischen 0,5 und 35 Hz moduliert. Untersucht wurde ein Elementar-

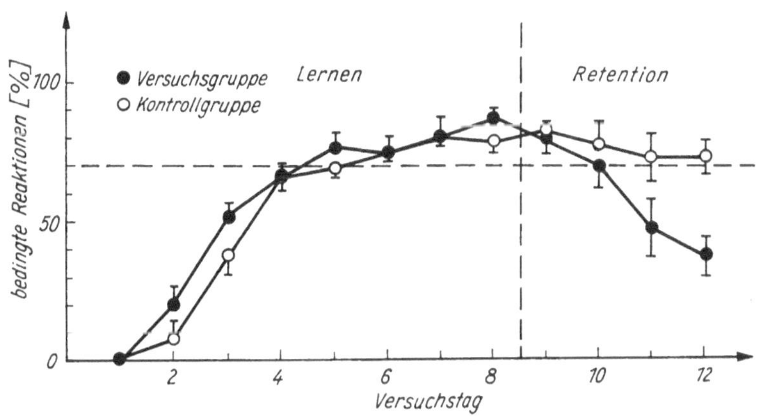

Abb. 12. Lernen einer bedingten avoidance-Reaktion bei der Ratte. Nähere Einzelheiten s. Text! DRISCHEL, H., L. SCHLYKOWA und F. THOSS [9]

vorgang im Gehirn neugeborener Hühnchen, nämlich der *Ausstrom von Calciumionen* im isolierten Hirnpräparat, verglichen unter bestrahlten und nichtbestrahlten Bedingungen. Folgende Ergebnisse wurden erhalten (s. Abb. 13): Auf der Abszisse ist die angewendete Modulationsfrequenz in Hz abgetragen, auf der Ordinate die prozentuale Steigerung des ^{45}Ca-Ausstroms aus dem Hirngewebe, durch geeignete radiobiochemische Methoden bestimmt. Es zeigt sich eine signifikante *Frequenzabhängigkeit* der Ca-Bewegungen mit einem Gipfel bei 11 bis 16 Hz (gesichert mit $p < 0{,}01$). Nichtmodulierte Frequenzen von 147 MHz hatten nicht den geringsten Einfluß. Interessant ist ferner, daß Cyanide als Stoffwechselgifte nichts am Ergebnis ändern, d. h. der Effekt elektromagnetischer Felder ist unabhängig vom Stoffwechsel.

Die Autoren BAWIN, KACZMAREK und ADEY [5] äußern folgende Vorstellungen über den möglichen *Wirkmechanismus*: mono- und divalente Kationen wetteifern um Bindungsstellen an den polyanionischen Makromolekülen und den polaren Enden der maßgebenden Membranproteine. Es scheint so, daß das umgebende elektrische Feld leichte Veränderungen der negativen Bindungsorte bewirken könnte. Hier kämen Konformationsänderungen der oberflächlichen Makromoleküle oder kleine Dislokationen oberflächengebundener Kationen in Frage. Es dürfte sich um äußerst *intime* Effekte an Membranstrukturen handeln, die nichts mit eventuellen thermischen Wirkungen auf Grund höherer Feldstärken zu tun haben. Man könnte hypothetisch von einem der erregbaren Membran innewohnenden „Verstärkermechanismus" bzw. von „molekularen Schaltern" sprechen. ADEY stellt weiter dazu fest, daß neuronale Strukturen — eben wahrscheinlich über

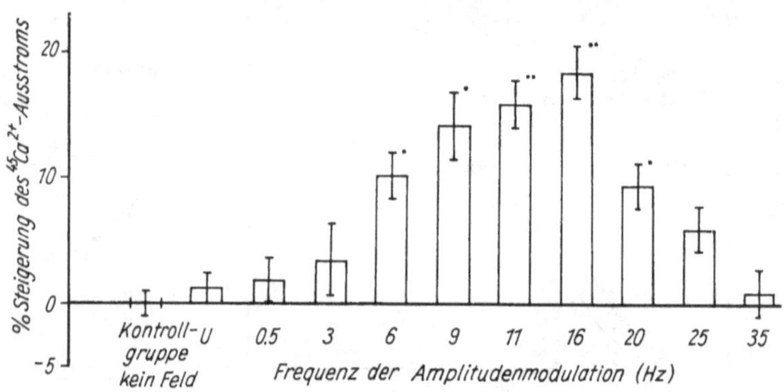

Abb. 13. Einfluß von amplitudenmodulierten 147 MHz VHF-Feldern auf $^{45}Ca^{2+}$-Ausstrom aus dem isolierten Vorderhirn neugeborener Hühnchen. Die Ergebnisse (mit Standardabweichung) sind in Prozenten der Zunahme des Ca-Ausstroms bei Kontrollversuchen unter Abwesenheit von elektromagnetischen Feldern wiedergegeben. $^{*}p < 0{,}05$, $^{**}p < 0{,}01$. Nach BAWIN, KACZMAREK und ADEY [5]

Membran-Makromoleküle — eine auffallende Empfindlichkeit gegenüber elektromagnetischen Kräften aufweisen. Die wirksamen elektrischen Gradienten sind sogar deutlich *geringer* als sie bei der normalen postsynaptischen Erregung auftreten, d. h. als die Membraneinwärtsströme in synaptischen Endigungen, die zur Freisetzung von Transmittersubstanzen führen. Außer den bekannten neuronalen Übertragungsmechanismen sollten in die Betrachtung einbezogen werden:

1. dendro-dendritische Leitung, 2. neuronal-neurogliale Wechselwirkungen, 3. geringgradige physikochemische Milieuänderungen für die Neuronen. Dadurch wären nach ADEY Ansatzpunkte für eine Abklärung der auffallenden Empfindlichkeit zentralnervöser Strukturen gegenüber elektromagnetischen Kräften gegeben.

Mit der Wirkung *hochfrequenter elektromagnetischer Felder* auf Lebewesen haben sich besonders sowjetische Wissenschaftler befaßt; eine Zusammenstellung der sehr zahlreichen Ergebnisse findet sich in einer Monographie des Moskauer Biophysikers PRESMAN [15]. Durch Bestimmung des Anteils der in den verschiedenen Körpergeweben absorbierten elektrischen Energie wurden exakte Daten über die Eindringtiefe elektromagnetischer Wellen in Haut, Fettgewebe und andere Gewebsarten gewonnen. Da es bei der Wirkung hoch-

Tabelle 1

Frequenzbereich	Organismus	Art des thermischen Effekts	Intensitäts-Schwellwert
500 kHz	Ratten	Anstieg der	8 kV/m
	Kaninchen	Rektaltemperatur	160 A/m
14,88 MHz	Ratten	Anstieg der	2,5 kV/m
69,7 MHz	Kaninchen	Rektaltemperatur	200 V/m
Dezimeter	Ratten	Anstieg der	40 mW/cm^2
	Kaninchen	Rektaltemperatur	(390 V/m)
10-Zentimeter	Mensch	Wärmegefühl	10 mW/cm^2
		Erwärmung der	10 mW/cm^2
		bestrahlten Region	(190 V/m)
	Ratten	Anstieg der	10 mW/cm^2
		Rektaltemperatur	
3-Zentimeter	Mensch	Wärmegefühl	1 mW/cm^2
			(61 V/m)
	Ratten	Anstieg der	5—10 mW/cm^2
		Rektaltemperatur	(135—190 V/m)
	Ratten	Erwärmung der	1,5 mW/cm^2
		bestrahlten Region	(75 V/m)
Millimeter	Ratten	Anstieg der	7 mW/cm^2
		Rektaltemperatur	(170 V/m)

frequenter elektromagnetischer Felder immer darauf ankommt, rein thermische Effekte, die durch Umwandlung elektrischer Energie in Wärmeenergie zustandekommen, von unmittelbaren Feldwirkungen zu unterscheiden, sind Angaben von PRESMAN (Tab. 1) über die Schwellenwerte für das Auftreten *thermischer Effekte* in lebenden Organismen besonders wertvoll. Ohne hier auf Einzelheiten eingehen zu wollen, läßt sich folgende allgemeine Tendenz feststellen: die elektromagnetische Intensität, die für thermische Effekte aufgewendet werden muß, ist hoch bei Gleichfeldern und wird um so kleiner, je höher die Frequenz der Felder ist, d. h. je kürzer die Wellenlänge. Es liegen

Werte für Ratten, Kaninchen und menschliche Gewebe vor. Bei 500 kH^{Z} sind etwa 8 kV/m, im Bereiche von 15 bis 20 MHz 2,5 kV/m erforderlich; im Dezimeterwellenbereich liegen für Ratten die Intensitäten bei 400 V/m, im Zentimeterbereich bei 100 bis 200 V/m und für Millimeterwellen betragen sie 170 V/m.

Tabelle 2

elektro-magnetische Parameter	Tier	Feld-intensität	Bestrahlungs-dauer min.	Temperatur-anstieg °C	tödlicher Ausgang %
konstantes Magnetfeld	Fliege	9600 kA/m	60	–	100
50–500 Hz	Maus	650000 V/m	60–120	–	70–90
50 Hz		650000 V/m	270	–	50
500 Hz		650000 V/m	90	–	50
14,88 MHz	Ratte	9000 V/m	10	–	100
	Ratte	5000 V/m	100	–	80
	Ratte	4000 V/m	100	–	25
69,70 MHz	Ratte	5000 V/m	5	–	100
	Ratte	2000 V/m	100	–	83
200 MHz	Hund	330 mW/cm²	15	5	50
	Hund	220 mW/cm²	21	4,1	25
	Meerschweinchen	590 mW/cm²	20	5,9	100
	Meerschweinchen	410 mW/cm²	20	4,2	67
	Meerschweinchen	330 mW/cm²	20	4,1	100
	Kaninchen	165 mW/cm²	30	6–7	100
2800–3000 MHz gepulst	Hund	165 mW/cm²	270	4–6	100
	Kaninchen	300 mW/cm²	25	6–7,5	100
	Kaninchen	100 mW/cm²	103	4–5	100
	Ratte	300 mW/cm²	15	8–10	100
	Ratte	100 mW/cm²	25	6–7	100
	Ratte	40 mW/cm²	90	–	100

Man kann Tiere durch elektromagnetische Felder ausreichender Stärke *töten*. Auch hier gilt die Regel (s. Tab. 2): Für Gleichfelder und niedrige Frequenzen können letale Effekte nur mit extrem hohen Feldstärken erzielt werden, während im Bereiche von 14 bis 19 MHz Intensitäten von einigen 1000 V/m genügen, die nicht mehr als extrem hoch anzusehen sind. Bis zu diesen Frequenzen ist ferner der tödliche Ausgang nicht von thermischen

Effekten abhängig. Zwischen 200 und 24000 MHz tritt der Tod offensichtlich in Zusammenhang mit der erzeugten Temperatursteigerung der Gewebe ein. Bei den Wirkungen auf die Thermoregulation der Ratte sind 3 Stadien zu unterscheiden: 1. Anstieg der Körpertemperatur um 2 °C in den ersten 25 Minuten, 2. Gleichbleiben der Temperatur für etwa 40 Minuten, 3. weiterer Temperaturanstieg und Tod. Die Wirkung erfolgt im übrigen auch, wenn nicht der ganze Körper, sondern nur der Kopfbereich den Feldern ausgesetzt wird. Findet der Tod ohne wesentliche thermische Wirkungen statt, so ist dies nach PRESMAN wahrscheinlich auf eine irreversible Störung regulativer Funktionen im Zentralnervensystem zurückzuführen.

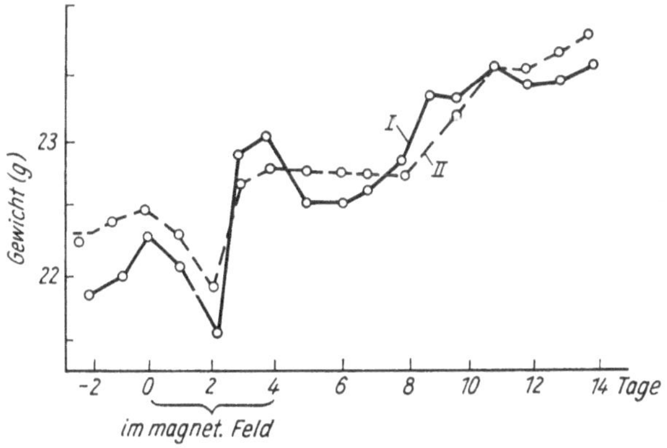

Abb. 14. Gewichtsverlust von Mäusen am zweiten Tage der Einwirkung eines magnetischen Feldes von 9400 Oe. I und II: Gruppen von Tieren, die wechselweise 4 Tage sich im magnetischen Feld befanden und 4 Tage nicht. Nach BARNOTHY [4] aus: PRESMAN [15]

Die Wirkungen hochfrequenter elektromagnetischer Felder auf Lebewesen sind im einzelnen äußerst vielfältig. *Genetische Effekte* sind an Bakterien, Pilzsporen, Tumorzellen und bei der Taufliege *Drosophila* beobachtet worden. Bei Knoblauchwurzeln wurden nach gepulster Bestrahlung bei 5 bis 40 MHz und 250 bis 6000 V/m eine morphologische Veränderung an den Chromosomen beobachtet. Bei *Drosophila* verschob sich unter Feldern von 25 bzw. 50 MHz das Geschlechterverhältnis und es traten Augendeformationen auf. Bei höheren Pflanzen sind ebenfalls *mutagene* Effekte bekannt geworden. Die *ontogenetische Entwicklung* von Hühnerembryonen wird durch SHF-Felder (super high frequencies) gestört, offenbar durch negative Beeinflussung von Stoffwechsel, Zellteilung und Differenzierung. Auf das *Wachstum* von Mäusen wirken nach BARNOTHY [4] Hochfrequenzfelder im Sinne einer deutlichen Verlangsamung ein; Abbildung 14 zeigt das Körpergewicht der Tiere: typisch ist ein am 2. Tag erfolgender Gewichtsabfall, der sich erst nach einiger Zeit ausgleicht. An Ratten sind ähnliche Ergebnisse erzielt worden. Die Wirkung scheint über eine Beeinflussung des DNA- und RNA-Gehaltes der Gewebe zu erfolgen. Auch für *tierische Zellkulturen* herrscht ein wachstumshemmender Effekt vor, wobei jedoch je nach der Gewebsart Unterschiede bestehen. Bei Ratten und Hunden ist bei Verwendung von Mikrowellen ein wachstumshemmender Einfluß auf *experimentelle bösartige Geschwülste* festgestellt worden; ein solcher Heilerfolg konnte aber noch nicht beim Menschen angewendet werden. Im Ganzen hat es den Anschein, daß hochfrequente elektromagnetische Felder bei *Tieren* einen *hemmenden* Wachstumseffekt ausüben, während bei *Pflanzen* — wie auch bei statischen bzw. langsam rotierenden Feldern — ein *stimulierender* Effekt zu verzeichnen ist, der Wachstums- und Reifungsprozesse akzeleriert. An Ratten und Mäusen wurden retardierende Einflüsse auf die Geschlechtsorgane und die *Reproduktionsprozesse* (Schwangerschaft, Fruchtbarkeit, Foetensterblichkeit) nachgewiesen. Im Hinblick auf die Zusammensetzung des *peripheren Blutes* war nach Einwirkung relativ starker Felder eine Zunahme der Leukozyten, gelegentlich nach initialer Reduktion, später ein Absinken der Zahlen der Lymphozyten und der Eosinophilen festzustellen — also im Ganzen unspezifische Erscheinungen, wie sie bei jedem Streß aufzutreten pflegen. Bei menschlichem *Blut in vitro* ergaben sich nach Bestrahlung verzögerte Blutkörperchensenkungsgeschwindigkeit und Verlängerung der Gerinnungszeit. Bei *einzelligen Lebewesen* (Amoeben, Flagellaten, Paramaecien) waren zwei Effekte festzustellen: 1. eine deutliche Elektro- bzw. Magneto*taxis*, d. h. die Zellen orientieren sich irgendwie im Felde der magnetischen Kraftlinien (dieser Effekt wurde bereits Ende des vorigen Jahrhunderts entdeckt), und 2. eine Änderung der *physiologischen Funktionen*, offenbar durch Einwirkung auf ein intrazelluläres Steuerungszentrum; solche Erscheinungen, z. B. auch an *Escherichia coli* gefunden, lassen sich nicht auf thermische Effekte zurückführen. Im vielzelligen Organismus werden ferner die *Phagozytose*-Aktivität, die *immunbiologischen* Reaktionen und bestimmte *Enzymaktivitäten* durch hochfrequente elektromagnetische Felder beeinflußt.

Von *höheren integrativen Leistungen des tierischen Zentralnervensystems* ist bekannt, daß sie durch relativ schwache hochfrequente elektromagnetische Felder beeinflußt werden; besonders empfindlich scheinen Strukturen der *Hirnrinde* und der *hypothalamischen Region* zu sein; in letzterer sind höhere Steuerungszentren des vegetativen Systems vereinigt. In der Regulierung der *Herz-Kreislauffunktionen* sind beim Menschen und bei Tieren übereinstimmend parasympathisch betonte Veränderungen nach Bestrahlung im UHF- und SHF-Bereich konstatiert worden, wie Blutdruckabfall, Abnahme der Herzfrequenz und Leitungszeitverlängerung. Allgemeine *Vermehrung der motorischen Aktivität* findet man bei Tieren (Mäusen, Vögeln, Fischen, Insekten), *Ver-*

meidungsreaktionen beim Goldhamster und *Orientierungsreaktionen* bei Spinnen, Schlangen, Planarien. Interessant ist, daß es bisher nicht gelungen ist, ein elektromagnetisches Feld als einen „*bedingten*" *Reiz* einzusetzen, d. h. als Auslöser für bedingte Reaktionen nach mehrmaliger Kopplung mit einem unbedingten Reiz. Hingegen vermögen elektromagnetische Felder *früher eingearbeitete bedingte Reaktionen* zu beeinflussen. Weibliche Albinoratten, die in einem Labyrinthexperiment gelernt hatten, wurden kurzzeitigen Impulsen elektromagnetischer Energie in hoher Feldstärke ausgesetzt; es zeigten sich bei den Tieren Störungen, die kürzlich gelernte Aufgabe zu bewältigen; die Resultate wurden schlechter, die Reaktionszeit verlängerte sich erheblich. In diesem Zusammenhang sind auch unsere o. a. Experimente am Carl-Ludwig-Institut zu sehen. Bei Ratten wurde andererseits unter hochfrequenten Feldern von 1600 bzw. 16000 V/m Feldstärke über verbesserte Lernfähigkeit berichtet. Im *Elektroenzephalogramm* von Ratten konnte unter der Wirkung elektromagnetischer Felder eine zunehmende Synchronisation registriert werden.

Einige kurze Bemerkungen seien dem von uns oben angekündigten Fragenkomplex 3 gewidmet, nämlich der **Rolle elektromagnetischer Felder als Informationsquellen, zur Umweltorientierung und zur interorganismischen Kommunikation.**

Auf die *Orientierung* der Lebewesen im Raum, auf der Erde, im Wasser und in der Luft haben elektromagnetische Felder, wie neuere Forschungen zeigen, einen Einfluß. Hierzu liegen Hinweise vor bei Maikäfern, Fliegen, Termiten, Zugvögeln, Schnecken und Strudelwürmern, um nur einige Beispiele zu nennen. Strudelwürmer scheinen außerdem Quellen mit schwacher Gammastrahlung orten zu können. Über das unglaubliche Orientierungsvermögen des *Aals* auf seinen langen Laichwegen, die ihn bekannterweise bis zur Sargassosee führen, bestehen vielerlei Hypothesen, wie z. B. über den Salzgehalt der Gewässer, die Strömungsverhältnisse, die Gerüche, die Himmelshelligkeit usw. Neben den zweifellos enorm empfindlichen Chemorezeptoren dieses Fisches sind aber neuerdings durch sowjetische Autoren Hinweise dafür geliefert worden, daß Magnetorezeptoren bei den Aalen vorhanden sein müssen und deren Orientierungsverhalten im Erdfeld steuern. In eleganten Versuchen konnte durch Ausschaltung natürlicher elektromagnetischer Felder bzw. durch Zuschaltung künstlicher unter Beachtung von Wahlentscheidungen der Tiere in einem Labyrinth gezeigt werden, daß bei Gleichhaltung aller anderen äußeren Bedingungen eine deutliche Bevorzugung auf elektromagnetische Einflüsse erfolgte. Beim Fehlen anderer Ortungsfaktoren ermöglicht beim Aal das Magnetfeld der Erde noch eine Orientierung.

Besonders raffinierte Beispiele für die Erzeugung einerseits, die Wahrnehmung andererseits eines der räumlichen Orientierung dienenden elektromagnetischen Feldes stellen der *Nilhecht* und der in den afrikanischen Binnengewässern lebende Tapirfisch dar. Es handelt sich darum, daß diese Fische vermittels eines elektrischen Organs (s. o.) um sich herum im Wasser ein elektromagnetisches Feld erzeugen; dies geschieht durch kurze Stromstöße etwa 300mal pro s und einer Spannung von 3 bis 10 V je nach Größe des Tieres. Jeder Gegenstand im Wasser — z. B. Stein, Pflanze oder fremder Fisch — „verbiegt" die im Normalfall ungestört verlaufenden Kraftlinien dieses Feldes in charakteristischer Weise. Dies wird durch einen „elektrischen Sinn", den wir Menschen nicht besitzen, in feinster Abstufung wahrgenommen; über die Oberfläche des Fisches sind sogenannte „Elektrorezeptoren" verteilt, kleine Sinnesempfänger für elektrische Feldstärkeunterschiede. Die Kraftliniendichte des von ihm selbst erzeugten Feldes vermag der Fisch mit erstaunlicher Empfindlichkeit zu analysieren und daraus die richtigen Schlüsse auf das zu ziehen, was im Abstand bis zu etwa 2 m rings um ihn herum geschieht. Auf diese Weise erkennt er z. B. einen Glasstab von 2 mm Durchmesser im Feld und unterscheidet sogar zwei gleich geformte Gegenstände, wenn sie aus verschiedenartigem Material bestehen. Während wir Menschen die Außenwelt in erster Linie mit dem Seh- und Hörsinn analysieren, viele höhere Tiere mit einem besonders empfindlichen Geruchssinn, besteht die Umwelt des Nilhechts aus Mustern von Feldstärkedifferenzen eines elektromagnetischen Feldes.

Es liegt nahe daran zu denken — und erscheint teilweise auch wissenschaftlich begründet — daß auch eine Kommunikation der Fische untereinander über diesen Apparat möglich ist. Erinnern wir weiter an das „*Schwarmverhalten*" von Fischen, Vögeln und Insekten, d. h. die praktisch synchron (bei Vogelschwärmen Differenz von 5 ms) erfolgenden Bewegungs-, Dreh- und Wendemanöver vieler Individuen ohne jede Kollision, so bleibt beinahe keine andere Möglichkeit der Erklärung als eine Kommunikation über elektromagnetische Felder. Eine Signalübertragung vom Leittier durch Schall dauerte viel zu lange, und bei vielen Hunderten von Metern breiten Starschwärmen z. B. ist eine optische Sicht zum Führer durch die vielen Tierkörper nicht möglich; ebenso schaltet eine eventuelle Kettenreaktion auf Grund gemessener Reaktionszeiten als Erklärung aus. Allerdings sind die wissenschaftlichen Beweise für eine elektromagnetische Kommunikation noch recht unbefriedigend. Reine Spekulation ist es, wenn man zur Erklärung angeblicher „parapsychologischer" Phänomene beim Menschen, wie Telepathie, Telekommunikation, Telekinese usw., elektromagnetische Kräfte heranziehen will. Die Physiologie und naturwissenschaftliche Psychologie kennen bis heute keine „extrasensorische Perzeption" (Schlagwort: ESP), die über andere als die bekannten Sinnesorgane als Kommunikationskanäle zustande käme.

* * *

Es besteht wohl kaum ein Zweifel, daß sich das Wissensgebiet der Einwirkung elektromagnetischer Felder auf organische Strukturen heute noch weitgehend im Stadium der *phänomenologischen* Sammlung von Fakten und ihrer Beschreibung befindet. Man muß Presman recht geben, wenn er feststellt: Die Ansprechbarkeit des ganzen Organismus auf elektromagnetische Felder ist noch am leichtesten nachzuweisen; am empfindlichsten scheinen die Strukturen des Zentralnervensystems zu sein. Schwieriger ist es hingegen, Wirkungen auf der Ebene der Organe, einzelner Zellen oder gar im Bereich der Makromoleküle zu zeigen und zu beweisen.

Eine weitere wichtige Bemerkung von Presman [15] ist die, daß die Wirksamkeit elektromagnetischer Felder auf Lebewesen in vielen Fällen nur bei einer bestimmten mittleren „*optimalen*" Intensität in Erscheinung tritt; bei höheren Intensitäten verliert sich die Wirkung nicht selten oder schlägt sogar in ihr Gegenteil um; es machen sich „Übersteuerungseffekte" bemerkbar. Auch das Auftreten „*kumulativer*" Wirkungen erscheint ziemlich charakteristisch: Wenn biologische Strukturen wiederholt Feldstärken ausgesetzt werden, die unterhalb der Schwelle eines einzelnen Reizes liegen, so zeigt sich ein aufsummierender Effekt. Auf die Frequenzabhängigkeit bzw. den Einfluß der Modulation hochfrequenter Felder wurde an entsprechender Stelle mit Nachdruck hingewiesen.

Alle diese Tatsachen weisen sehr eindringlich darauf hin, daß man mit dem Konzept einer thermischen Wirkung elektromagnetischer Kräfte genügend hoher Intensität, d. h. einer rein energetischen Betrachtung der Umwandlung elektrischer in Wärmeenergie nicht auskommt, sondern daß *nichtthermische* Effekte in Betracht gezogen werden müssen. Welcher Art solche *nichtthermische* Wirkungen auf makromolekuläre biologische Strukturen sein könnten, haben wir im Verlaufe unserer Ausführungen darzulegen versucht. Sicherlich ist die Meinung mancher Biophysiker falsch, die meinten nachgewiesen zu haben, daß natürliche elektromagnetische Felder keine biologischen Wirkungen haben könnten, weil ihre Intensität nicht ausreicht, um Erwärmung des Gewebes, d. h. thermische Effekte, zu erzielen.

Wir stehen hier noch vor interessanten und wichtigen Entdeckungen, die für die Medizin, die allgemeine Hygiene, die Meteorobiologie, für den Umweltschutz, Technik und Industrie, Baubiologie und manche andere Disziplinen von allergrößtem Interesse sind.

LITERATUR

[1] Al'pert, Ya. L., und D. S. Fligel: Propagation of ELF and VLF Waves near the Earth. Boulder, New York 1970

[2] Bachmann, C. H., und M. Reichmanis: Some Effects of High Electrical Fields on Barley Growth. Int. J. Biometeorol. **17**, 253–262 (1973)

[3] Barnothy, M., und J. Barnothy: Biological Effects of Magnetic Fields. In: Medical Physics **3**, The Year Book Publ., Chicago 1960

[4] Barnothy, M., und J. Barnothy: Second Day Minimum in the Growth Curve of Mice subjected to Magnetic Fields. Nature **200**, 189 (1963)

[5] Bawin, S. M., L. K. Kaczmarek und W. R. Adey: Effects of Modulated VHF Fields on the Central Nervous System. Annals of the New York Acad. of Sci. **247**, 74–81 (1975)

[6] Becker, G., und H. Kraus: Über neue Möglichkeiten zur Raumentkeimung in der Lebensmittelhygiene. Arch. f. Lebensmittelhyg. **15**, 1–4 (1964)

[7] Berg, H.: Phénomènes solaires et terrestres en biologie. In: Modern Problems of Electrobiology; russische Übersetzung aus MIR, Moskau 1964

[8] Biological Effects of Nonionizing Radiation (Symposium 1974): Annals of the New York Academy of Sciences, Volume **247**; New York Acad. Sci. 1975

[9] Drischel, H., L. Schlykowa und F. Thoss: Unveröffentlichte Ergebnisse 1976

[10] Hahn, F.: Baktericide und bakteriostatische Wirkung schwacher elektrischer Gleichfelder. Ars medici **6**, 403–407 (1963)

[11] König, H. L., und F. Ankermüller: Über den Einfluß besonders niederfrequenter elektrischer Vorgänge in der Atmosphäre auf den Menschen. Naturwissenschaften **47**, 486–493 (1960)

[12] König, H. L.: Unsichtbare Umwelt. Der Mensch im Spielfeld elektromagnetischer Kräfte. Wetterfühligkeit, Feldkräfte, Wünschelruteneffekt. Heinz Moos Verlag, München 1975

[13] Murr, L. R.: The Biophysics of Plant Growth in a Reversal Electrostatic Field. Int. J. Biometeorol. **10**, 135–146 (1966)

[14] Piccardi, G.: The Chemical Basis of Medical Climatology. Ch. C. Thomas Publ., Springfield, Ill. 1962

[15] PRESMAN, A. S.: Electromagnetic Fields and Life. Plenum Press; New York, London 1970

[16] SCHULZ, K.-H.: Untersuchungen der biologischen Wirkung der Elektroaerosole und der direkten Aufladungstherapie auf das vegetative Nervensystem. Vortrag i. Hygieneinstitut d. Univ. Heidelberg 3. 1. 1967

[17] SCHULZE, R.: Strahlenklima der Erde, Steinkopff-Verlag, Darmstadt 1970

[18] WEVER, R.: Einfluß schwacher elektromagnetischer Felder auf die circadiane Periodik des Menschen. Naturwissenschaften **55**, 29–32 (1968)

Heft 4 Prof Dr med. ROLF EMMRICH, Hochdruck und Hyperlipidämie (Hypercholesterinämie) als Risikofaktoren für die Entstehung der Arteriosklerosen
1971 23 Seiten – 10 Abbildungen – 4 Tabellen – 8° – M 3,90

Heft 5 Prof Dr HANS DRISCHEL, Biologische Rhythmen
1972. 57 Seiten – 31 Abbildungen – 1 Tabelle – 8° – M 6,60

Heft 6 Prof Dr -Ing. Dr h. c. KURT SCHWABE, Konzentrierte Elektrolytlösungen – Thermodynamische und kinetische Eigenschaften 1972. 49 Seiten – 27 Abbildungen – 2 Tabellen – 8° – M 7,50

Heft 7 Prof. Dr WOLFGANG TUTSCHKE, Konstruktion von globalen Lösungen mit vorgeschriebenen Singularitäten bei partiellen komplexen Differentialgleichungssystemen 1972. 24 Seiten – 8° – M 4,50

Band 110

Heft 1 Prof Dr Dr h. c. PAUL GÖRLICH, Über die Laser und ihre Anwendung
1972. 24 Seiten – 8° – M 2,30

Heft 2 Prof Dr HASSO ESSBACH, Zum Problem der Tumoren im Kindesalter
1972. 24 Seiten – 11 Abbildungen auf 10 Kunstdrucktafeln – 8° – M 6,–

Heft 3 Prof. Dr. med. WALTER BREDNOW, Zur Anthropologie des Schwindels
1973. 17 Seiten – 2 Abbildungen auf 2 Kunstdrucktafeln – 8° – M 2,50

Heft 4 Prof Dr Dr h. c. PAUL GÖRLICH, Betrachtungen über den Wissenschaftlichen Gerätebau
1972. 39 Seiten – 8° – M 3,–

Heft 5 Prof. Dr ERICH RAMMLER, Einige Betrachtungen über Erdgas
1974. 43 Seiten – 8 Abbildungen – 3 Tabellen – 8° – M 4,50

Heft 6 Prof Dr GUSTAV E. R. SCHULZE, Zur Rolle des Einfachheitsprinzips im physikalischen Weltbild
1974. 23 Seiten – 4 Abbildungen – 8° – M 2,50

Heft 7 Prof. Dr med. ROLF EMMRICH, Zwischen Leben und Tod. Ärztliche Probleme der Thanatologie
1974. 22 Seiten – 2 Abbildungen – 4 Tabellen – 8° – M 3,50

Band 111

Heft 1 Prof Dr WILHELM MAIER, Vom Erbe Bernhard Riemanns 1975. 16 Seiten – 8° – M 2,50

Heft 2 Prof Dr med. HANS DRISCHEL, Organismus und geophysikalische Umwelt
1975. 50 Seiten – 25 Abbildungen – 1 Tabelle – 8° – M 7,–

Heft 3 Prof Dr MARIA HASSE, Zum Begriff des allgemeinen Produkts von Kategorien
1975 32 Seiten – 8° – M 5,–

Heft 4 Prof. Dr -Ing. Dr h. c. KURT SCHWABE, Analytische Probleme des Umweltschutzes
1975 28 Seiten – 9 Abbildungen – 2 Tabellen – 8° – M 3,50

Heft 5 Prof Dr. WOLFGANG BUCHHEIM, Die kopernikanische Wende und die Gravitation
1975. 36 Seiten – 2 Farbtafeln – 8° – M 5,–

Heft 6 Prof. Dr HERMANN BERG, Photopolarographie und Photodynamic
1975. 19 Seiten – 2 Abbildungen – 2 Tabellen – 8° – M 3,–

Heft 7 Prof Dr MANFRED GERSCH, Probleme der Insektizide aus heutiger Sicht
1976. 36 Seiten – 9 Abbildungen – 2 Tabellen – 8° – M 4,–

Band 112

Heft 1 Prof Dr WALTER BREDNOW, Spiegel, Doppelspiegel und Spiegelungen – eine „wunderliche Symbolik“ Goethes 1975. 28 Seiten – 4 Abbildungen – 8° – M 3,–

Heft 2 Prof. Dr. ARTUR LÖSCHE, Über negative absolute Temperaturen. Eine Einführung
1976. 26 Seiten – 12 Abbildungen – 8° – M 4,–

Heft 3 Prof. Dr. med. HERBERT JORDAN, Kurorttherapie: Prinzip und Probleme
1976. 31 Seiten – 10 Abbildungen – 1 Tabelle – 8° – M 4,50

Heft 4 Prof. Dr. FRIEDRICH WOLF / Dr. PETER FRÖHLICH, Zur Druckabhängigkeit von Ionenaustauschreaktionen 1977. 13 Seiten – 6 Abbildungen – 1 Tabelle – 8° – M 2,–

Heft 5 Prof. Dr. DIETRICH UHLMANN, Möglichkeiten und Grenzen einer Regenerierung geschädigter Ökosysteme 1977. 50 Seiten – 20 Abbildungen – 2 Tabellen – 8° – M 6,50

Heft 6 Prof. Dr. ERICH RAMMLER, Zwei Jahrzehnte Entwicklung des Einsatzes der Energieträger Kohle und Erdöl im Weltmaßstab 1977. 29 Seiten – 6 Abbildungen – 4 Tabellen – 8° – M 4,–

Heft 7 Prof. Dr. ULRICH FREIMUTH, Umweltprobleme in der Ernährung 1977. 32 Seiten – 3 Abbildungen – 4 Tabellen – 8° – M 4,–

Band 113

Heft 1 Prof. Dr. ERICH LANGE, Allgemeingültige Veranschaulichung des II. Hauptsatzes 1978. 22 Seiten – 10 grafische Darstellungen – 8° – M 4,–

Heft 2 Prof. Dr. HERBERT BECKERT, Bemerkungen zur Theorie der Stabilität 1977. 19 Seiten – 8° – M 2,50

Heft 3 Prof. Dr. sc. KLAUS DÖRTER, Probleme und Erfahrungen bei der Entwicklung einer intensiven landwirtschaftlichen Produktion im Landschaftsschutzgebiet des Harzes 1978. 20 Seiten – 6 Abbildungen – 2 Tabellen – 8° – M 7,–

Heft 4 Prof. Dr. sc. med. HANS DRISCHEL, Elektromagnetische Felder und Lebewesen (*Vorliegendes Heft*)

Einzel- oder Fortsetzungsbestellungen durch eine Buchhandlung erbeten
Sitzungsberichte bis Band 106
durch das Zentralantiquariat der Deutschen Demokratischen Republik, Leipzig,
ab Band 107 durch den Akademie-Verlag, Berlin, zum Teil noch lieferbar

THEORIA CUM PRAXI

AKADEMIE-VERLAG

DDR-108 Berlin, Leipziger Str. 3–4

FSC
www.fsc.org
MIX
Papier | Fördert gute Waldnutzung
FSC® C083411

Zeitfracht Medien GmbH
Ferdinand-Jühlke-Straße 7
99095 Erfurt, Deutschland
produktsicherheit@kolibri360.de